### 技术市场展望报告
Technology and Market Outlook Paper

# 多源固体废弃物能源化：
## 固体废弃物耦合发电系统

Municipal solid waste to energy:
coupled power generation with MSW

国 际 电 工 委 员 会（IEC）| 著

华 能 长 江 环 保 科 技 有 限 公 司 |
国家能源集团北京低碳清洁能源研究院 | 译
中 国 电 机 工 程 学 会 |

中国电力出版社
CHINA ELECTRIC POWER PRESS

## 内 容 提 要

随着科学技术的不断发展，先进的发电技术与固体废弃物能源化（简称固废能源化）结合，形成多源固废耦合发电系统，将对解决日益增长的城市固体废弃物问题发挥更大的作用，将改善发电系统，有利于实现零碳路线图。为便于我国对固废能源化感兴趣的专家学者、技术人员等学习，特推出《技术市场展望报告——多源固体废弃物能源化：固体废弃物耦合发电系统》。

本报告包括简介、多源固废能源化现状、多源固废耦合发电、多源固废能源化面临的挑战、多源固废耦合发电相关标准、结论与展望 6 章。

本报告适用于从事城市固废能源化和城市固废耦合发电技术的技术人员和管理人员，也可供大中专院校相关师生参考。

**图书在版编目（CIP）数据**

技术市场展望报告：多源固体废弃物能源化：固体废弃物耦合发电系统 / 国际电工委员会（IEC）著；华能长江环保科技有限公司，国家能源集团北京低碳清洁能源研究院，中国电机工程学会译. -- 北京：中国电力出版社, 2024. 10. -- ISBN 978-7-5198-9313-2

Ⅰ. X705

中国国家版本馆 CIP 数据核字第 2024LE3809 号

北京市版权局著作权合同登记号　图字：01-2024-5444 号

出版发行：中国电力出版社
地　　址：北京市东城区北京站西街 19 号（邮政编码 100005）
网　　址：http://www.cepp.sgcc.com.cn
责任编辑：翟巧珍（806636769@qq.com）　胡　帅（010-63412821）
责任校对：黄　蓓　王小鹏
装帧设计：赵丽媛
责任印制：石　雷

印　　刷：北京九天鸿程印刷有限责任公司
版　　次：2024 年 10 月第一版
印　　次：2024 年 10 月北京第一次印刷
开　　本：787 毫米×1092 毫米　16 开本
印　　张：4
字　　数：65 千字
定　　价：25.00 元

# 摘　要

随着全球人口的持续增长和对能源需求的不断增加，环境污染和能源稳定供应面临的挑战影响着全球经济的发展。因此，拓宽能源供应来源、丰富能源供应体系、稳定总体能源供应、解决环境污染问题，是全球亟待解决的问题。

固体废弃物（简称固废）能源化（MSWtE）是指从多源固体废弃物，特别是从有机固废中回收能源的技术，该技术通过热处理、热化学处理、生物化学（简称生化）处理等多种技术手段，以各种能源产品的形式回收剩余能量，是目前较为成熟的能量供应来源之一。随着科学技术的不断发展，先进的发电技术与固废能源化结合，形成多源固废耦合发电系统，将对解决日益增长的城市固废问题发挥更大的作用，将改善发电系统，有利于实现零碳路线图。因此，固废能源化是未来实现可持续发展目标的潜在技术。

本报告总结了固废能源化的现有技术和应用，强调其技术现状、面临挑战和标准化问题。本报告致力于实现联合国可持续发展目标，明确国际电工委员会（IEC）国际标准和合格评定体系的作用和价值。

第1章概述了当前世界面临的能源挑战，简述了固废能源化的作用，并简要概括了整个报告的内容框架。

第2章介绍了多源固废能源化现状，包括焚烧、热化学处理、生物化学处理及其他工艺过程中涉及的关键技术，阐述了最新科技进展和对未来技术的展望。

第3章介绍了多源固废耦合发电，论述了固废能源化耦合化石燃料、太阳能、风能和核能发电对环境管理、能源供应的作用，探讨了该领域未来的发展趋势。

第4章介绍了多源固废能源化面临的挑战，主要从固废管理、温度管理、水分管理和污染物排放管理等方面进行论述。

第 5 章分析了多源固废耦合发电相关标准化，在关注相关标准现状的同时，基于多源固废耦合发电的未来发展趋势，对未来标准化发展进行了规划。

第 6 章总结了多源固废耦合发电的重要性，对相关技术和标准化前景提供了一些关键性建议。

# 致 谢

本报告由国际电工委员会（IEC）市场战略局（MSB）下属的项目组编写，项目团队包括来自电网企业、研究机构、设备供应商和学术界等各行各业的代表。项目发起人是 IEC MSB 成员、国家电网有限公司的范建斌博士。项目组感谢 IEC MSB 成员 Lean Weng Yeoh 教授及 IEC 前技术官员 Charles Jacquemart 博士对本报告的审阅。

项目组成员包括（按字母顺序排列）：

Yufeng Bai 先生，华能长江环保科技有限公司

Liqun Cui 先生，国家能源投资集团有限责任公司

Yang Dong 博士，国家能源集团北京低碳清洁能源研究院

Hongpei Gao 先生，华能长江环保科技有限公司

Hao Hu 博士，国家电网有限公司

Yun Huang 博士，中国科学院过程工程研究所

Jinder Jow 博士，国家能源集团北京低碳清洁能源研究院

Gang Lin 先生，华能长江环保科技有限公司

Han Lin 先生，华能国际电力股份有限公司上海石洞口第二电厂

Nan Liu 先生，国网北京市电力公司

Guangqian Luo 博士，华中科技大学

Zhou Mu 博士，国网四川省电力公司电力科学研究院

Yu Ru 先生，北京华能长江环保科技研究院有限公司

Wenquan Ruan 博士，江南大学

Lichuang Wang 先生，中国华能集团清洁能源技术研究院有限公司

Lili Xie 女士，国网四川省电力公司超高压分公司

Ye Yuan 博士，华能长江环保科技有限公司

Jing Zhang 博士，国网四川省电力公司电力科学研究院

Shuang Zhang 女士，华能长江环保科技有限公司

免责声明：IEC MSB 技术市场展望文件说明了 MSB 成员对 IEC 当前面临的特定或关键社会和/或技术挑战的观点。此类文件是非共识的交付成果，未成立专门的项目组进行阐述和提出建议，所表达的观点和意见仅代表作者本人。

# 缩略语

## 技术和科学术语

| | |
|---|---|
| AC | 交流电 |
| AD | 厌氧消化 |
| BEMPs | 最佳环境管理实践 |
| CCP | 燃煤产物 |
| CHP | 热电联产 |
| CO | 一氧化碳 |
| $CO_2$ | 二氧化碳 |
| COD | 化学需氧量 |
| CPG | 耦合发电 |
| CPG–MSW | 多源固废耦合发电 |
| CV | 热值 |
| DC | 直流电 |
| DERMS | 分布式能源管理系统 |
| DMS | 配电管理系统 |
| EMS | 电能管理系统 |
| EMMS | 电力市场管理系统 |
| FBC | 流化床燃烧 |
| GWP | 全球增温潜势 |
| $H_2$ | 氢气 |
| HCl | 盐酸 |
| HHV | 高位热值 |

| | |
|---|---|
| HTC | 水热碳化 |
| IBA | 焚烧炉渣 |
| IGCC | 整体煤气化联合循环发电 |
| IoT | 物联网 |
| LFG | 垃圾填埋气体 |
| MBT | 机械生物处理 |
| MFC | 微生物燃料电池 |
| MPa | 兆帕 |
| MSW | 多源固体废弃物 |
| MSWtE | 多源固废能源化 |
| MWe | 兆瓦 |
| NGO | 非政府组织 |
| $NO_x$ | 氮氧化物 |
| PAH | 多环芳烃 |
| PTC | 生产税抵免 |
| RDF | 垃圾衍生燃料 |
| SC | 小组委员会 |
| SCADA | 数据采集与监视控制系统 |
| SCWG | 超临界水气化 |
| SDG | 可持续发展目标 |
| $SO_2$ | 二氧化硫 |
| $SO_x$ | 硫氧化物 |
| TC | 技术委员会 |
| VOC | 挥发性有机物 |
| WtE | 废弃物能源化 |

## 组织、机构与企业名称

| | |
|---|---|
| ACEA | 环境方面咨询委员会 |

| | |
|---|---|
| ASME | 美国机械工程师学会 |
| ASTM | 美国材料实验协会（前称） |
| CHYE | 华能长江环保科技有限公司 |
| EMAS | 欧洲生产过程环保认证 |
| EU | 欧盟 |
| IEA | 国际能源署 |
| IEC | 国际电工委员会 |
| IPCC | 政府间气候变化专门委员会 |
| ISO | 国际标准化组织 |
| MSB | 市场战略局（IEC） |
| SAC | 中国国家标准化管理委员会 |
| UN | 联合国 |
| WTERT | 国际废弃物能源化技术与研究组织 |

# 术　语

**厌氧消化（anaerobic digestion，AD）**：微生物在无氧条件下分解可生物降有机物的一系列过程。

注：厌氧消化可用于工业或家庭废弃物管理和/或释放能量。大量用于生产食品和饮料的工业发酵以及家庭发酵。

**生物源（biogenic）**：废弃物中来自生物源且最近在增长的物质。

注："最近"是指最近一百年左右，例如，食物、纸张、园林垃圾、木材。另见"化石"。

**热值（CV）**：单位质量的废弃物在特定条件下完全燃烧时释放的热量。

注：热值反映了物质的燃烧特性，取决于废弃物的成分。

**热电联产（combined heat and power，CHP）**：利用热机或发电站同时产生电力和有用的热量。

**化石（fossil）**：废弃物中在地下封存了数百万年的来自煤炭、石油和天然气等的材料。

注：例如由石油制成的塑料。

**气化（gasification）**：在高温、控制氧气的条件下，将有机或化石含碳物质转化为一氧化碳、氢气、二氧化碳和甲烷的过程。

注：气化是一种众所周知的技术，虽然应用其处理废弃物尚未得到规模化验证，但是日本有几个用于接收固废的气化厂。

**焚烧炉渣（incinerator bottom ash，IBA）**：焚烧设施产生的灰烬。

注：焚烧炉渣从城市固废焚烧炉的移动炉中排出，燃烧后的灰烬中通常含有少量黑色金属。灰烬经过加工可使材料标准化并去除污染物，以便用作混凝土集料。

**机械生物处理（mechanical biological treatment，MBT）**：一种将分拣设施与堆肥或厌氧消化等生物处理形式相结合的废弃物处理工艺。

**多源固体废弃物**（**municipal solid waste，MSW**）：一种由公众丢弃的日常用品组成的废物类型。

  注：多源固体废弃物一般被称为垃圾，包括家庭废弃物和类似家庭的商业和工业废弃物，如来自办公室或酒店的废弃物。

**多环芳烃**（**poly aromatic hydrocarbons，PAH**）：石油、煤、天然气等含碳物质不完全燃烧产生的一类有机化合物。

  注：多环芳烃通常会被燃烧源排放的烟尘颗粒吸收。

**垃圾衍生燃料**（**refuse derived fuel，RDF**）：通过机械生物处理等过程将多源固体废弃物粉碎和脱水而产生的燃料。

  注：垃圾衍生燃料主要由塑料和可生物降解废弃物等固废中的可燃成分组成。

**挥发性有机物**（**volatile organic compounds，VOC**）：在常温条件下蒸汽压较高的有机化合物。

  注：挥发性有机化合物的蒸汽压高是由于其沸点低造成的，使大量分子从化合物的液态或固态形式蒸发或升华并进入到周围空气中。

**废弃物能源化**（**waste to energy，WtE**）：利用废弃物一级处理产生电能和/或热能的工艺。

# 目 录

# 1

# 简　介

## 1.1　概述

政府间气候变化专门委员会（IPCC）最新报告显示，全球各区域的气候变化导致极端气候事件频发，对人类生存构成威胁[1]。为应对即将到来的气候危机，许多国家都制定了详细的绿色发展计划，其中通过推广可再生能源和去煤炭化来发展低碳能源体系受到了高度重视。

2018 年，世界银行预测，未来 30 年全球每年将产生 34 亿 t 废弃物，与 2016 年相比增加 70%[2]。目前，大多数多源固体废弃物（MSW）通过填埋方式处理。然而，根据世界银行数据库信息显示，全球碳排放总量的 5%来自固废管理[3]。2007 年 IPCC 报告指出，从固废中回收能源可有效减少碳排放并减缓气候变化[3]。具体而言，这种能源回收完成了全球增温潜势（GWP）中高指数物质的氧化过程，降低了发电对化石燃料的依赖。

固废能源回收的起源以 1874 年英国第一个焚烧炉投入使用为标志，随后德国第一座垃圾焚烧厂于 1896 年启动。但由于污染物控制和烟气处理不足，阻碍了垃圾焚烧的广泛应用。截至 20 世纪 60 年代，公众对垃圾焚烧导致疾病和生活质量下降等疑虑尚未消除。期间，由于多种驱动因素，包括随着快速城市化带来的日益增长的需求和成熟的污染控制技术，固废能源回收才慢慢地恢复。目前，垃圾焚烧是公认的多源固废能源化（MSWtE）技术。

MSWtE 技术是将 MSW，特别是有机和生物质固废，转化为各种能源产品的技术[4]。一般来说，MSWtE 技术可通过焚烧、热化学处理和生物化学处理三种方式实现。该技术已成为最具经济效益的固废处理技术之一。多源固废能源化技术和发电的结合进一步拓宽了其应用范围，但仍然面临着技术和商业上的挑战，也加速了未来新技术和标准化的发展。

本报告回顾了多源固废能源化和多源固废耦合发电（CPG－MSW）的现有技术，总结了 CPG－MSW 面临的挑战，并通过对相关标准的系统分类，提出该领域技术标准未来发展的建议。关注该领域的标准制定将成为 IEC 对实现联合国可持续发展目标（SDGs）所做贡献的一部分。

## 1.2  范围

本报告为联合国可持续发展目标 6、7、11、12 及 13 提供了可参考的解决方案，直接体现了 IEC 为实现联合国可持续发展目标所做的贡献。本报告中，IEC 研究利用先进发电技术解决一体化和连续性问题，并通过 IEC 国际标准和合格评定服务为全球事务作出贡献。本报告从 IEC MSB 成员的角度，编写了 IEC 当前面临的具体或关键的社会和/或技术挑战，重点分析和了解 CPG－MSW 市场，为 IEC 未来发展提供战略依据。

本报告所涉及的 MSW 是指城市活动产生的已失去原有功能价值或已被废弃的固体废弃物。CPG－MSW 是指含有剩余热值的固废与其他能源耦合，特别是有机或生物质固废。

# 2

# 多源固废能源化现状

多源固废能源化技术总览如图 2-1 所示，该技术以三种方式进行处理，即焚烧法、热化学处理法和生物化学处理法。焚烧法是一种传统技术，通过燃烧将废弃物直接转化为热能用于发电，而热化学和生物化学处理过程则是废弃物处理领域中随后发展起来的技术，将废弃物转化为二次能源载体（如合成气、碳化燃料、甲烷等），然后进一步燃烧发电。

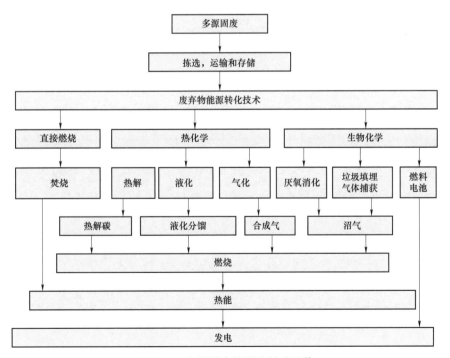

图 2-1　多源固废能源化技术总览

## 2.1 焚烧法

焚烧原理如图 2-2 所示，焚烧技术通过对固废可燃部分进行燃烧，以释放热能用于驱动发电涡轮机或供热。图 2-2 中水供给锅炉以产生蒸汽用于蒸汽循环，烟囱向大气排放。深圳东部环保电厂是世界上最大、最先进的垃圾焚烧厂之一，单机处理能力为 850t/天，蒸汽参数为 6.0MPa/450℃。尽管焚烧技术具有成熟、易于大规模应用和 24h 不间断供电等优势，但仍存在一些技术瓶颈，包括有毒物排放（如二噁英）、污染物专业处理成本高和酸性气体导致的设备腐蚀等[5,6]。

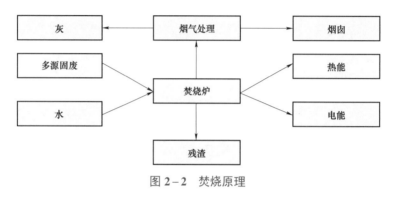

图 2-2 焚烧原理

## 2.2 热化学处理

热化学处理与直接燃烧不同，它利用一系列化学反应产生二次产物，进一步用于发电和供热，或作为二次原料。与焚烧法不同，固废的热化学处理通常需要更精确地控制工艺条件，如温度、压力、湿度、无氧环境等。根据化学反应的产物类型，该处理通常被分为热解、液化和气化。

### 2.2.1 热解

热解技术是指高分子聚合物在无氧或惰性环境下被分解成小分子化合物，该不可逆过程（包括脱水、解聚、断裂、重排、缩合等）通常发生在相对较低的温度下（400～900℃）[7]。根据不同的加热速率和反应停留时间，热解可以进一步分为慢速热解、中速热解、快速热解和闪速热解，产生不同比例的固体、液体和气体产物。热解过程的主要产物是热解碳，其特性类似于煤炭，较低的热解温度、较慢的加热速率和较长的持续时间更适合其形成，热解原理如图 2-3 所示。

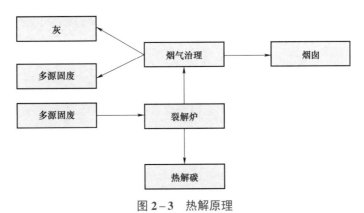

图 2-3　热解原理

需要注意的是，与焚烧相比，热解的烟气处理和污染物控制成本明显较低，因为热解排放的气体体积较小。然而，热解的废弃物处理效率和减量水平低于焚烧。此外，焦油副产物会降低催化剂的活性，从而进一步降低热解的总体能源回收率。目前，已经开发出一些有前景的技术，特别是热水解和微波热解，可实现更有效的热解。

热水解，也被称为水热碳化（HTC），是一种温和的热解过程，主要用于污泥和食物废弃物的能源回收，被认为是有机废弃物处理的一种有前景的技术路线。通过模拟自然煤化过程，水热碳化技术以比自然煤化过程快几百倍的速度将固废转化为类似煤炭的物质[8,9]。该技术的原理是通过将固废暴露在高温高压蒸汽中，以破坏有机物的分子结构，并通过水解将高分子碳氢化合物转化为低分子有机物质，以提高固废的固液分离效果和生物降解性能，而无需相变。值得注意的是，水热碳化的主要产物是固相水热碳，产率为 50%～80%[10~12]。与传统的热解过程相比，水热碳化的优势在于不受湿度和预脱水的限制，反应条件适中。然而，由于水热碳化技术产生大量有机废水，处理成本可能会增加[13,14]。

在微波热解技术中，多源固废在无氧环境下吸收微波辐射，热量从内部向外部均匀地产生和分布，将有机分子分解为可处理的产物，包括小分子化合物、气体、油、碳等有机物质。独特的热质传递特性以及加热的均匀性，使微波热解技术易于控制温度、热解过程和最终产物，并可减少时间、能源需求、热惯性和占地面积。然而，微波热解技术的产业化仍受到初始投资和运营成本高以及操作技术复杂的制约[15]。

### 2.2.2 液化

液化原理如图 2-4 所示，在固废能源化利用的技术中，将固废部分或完全转化为生物液体燃料是最高效的技术之一[16]。生物液体燃料因其多重优势而被认为具有巨大前景，其优势包括无硫和无灰分、易于运输和储存，可作为清洁燃料替代汽油、柴油和其他石油，可作为高附加值化学产品的化学原料，且具有发电能力[17,18]。目前，液化技术可以通过水热液化和真空液化来实现，然而在工业规模化应用上仍存在一些技术问题。

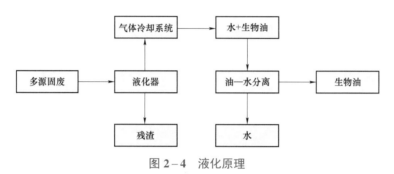

图 2-4 液化原理

水热液化是在高温高压（200～350℃，5～25MPa）的水溶剂中进行。在此过程中，固废中的大分子有机物通过水解、脱羧、脱氮和重聚等反应最终转化为生物油、水溶性产物、气体和固体残渣[19,20]。与其他固废转化生物质技术相比，水热液化的优势在于广泛可用的原料、完全转化为有机物的能力、可接受各种基质（如畜禽粪便、食物废料），以及可适应高湿度生物质（超过 70%）[21,22]。然而该方法仍存在以下技术问题：

（1）水热液化生物油的有效利用。在水热液化过程中，应用催化加氢可以提高生物油的质量，并可以通过蒸馏将生物油分段收集和使用。

（2）水热液化的机理。目前只根据表征测试对产物的反应路径进行推测，而没有对中间产物进行监测。可以通过过程采样或在线监测，可完全分析其反应机理。

（3）工业应用。水热液化技术的规模化应用面临两个阻碍，一是在高温高压下反应器进料和出料稳定性的问题，二是大量原料的收集问题。

尽管上述技术瓶颈需要持续的努力研究，但水热液化仍因其显著的优势而受到高度重视[23]。

真空液化技术是固废在一定的真空条件下迅速加热至 500～600℃，产生的蒸汽迅速凝结成液体，几乎没有发生二次裂解反应，其液体产品既可以直接用作燃料，也可以经过精炼成为替代化石的燃料产品。此外,真空液化过程还会生成一些固体焦炭和少量气体燃料。真空液化技术的特点是反应系统内部压力低、降解气体的停留时间短。由于有机物的热解是从固体到气体的相变过程,随着体积的增大,真空条件下的低压降低了产物的沸点,有利于分子产品的蒸发和其在反应区的停留,从而降低了二次裂解反应的可能性,便于液体产物的形成[24,25]。然而,反应器真空条件下的能量消耗仍然很高,该过程的产能和效率也需要改进。因此,该技术需要进一步研究才能实现工业化。

### 2.2.3 气化

气化原理如图 2-5 所示,气化是在 500～1800℃温度下进行热化学反应,将固废中的碳氢有机物转化为含有氢气、一氧化碳和小分子烃类的可燃气体。与焚烧相比,气化具有烟气排放较少、反应氛围可控及气相污染物较少等优点。此外,气化产物应用广泛,不仅可用于电厂发电、供热、制氢,还可用于燃料电池、费托合成等领域。然而,在气化过程中会损失一定程度的化学能,处理能力和效率也比焚烧低。一些具有巨大潜力的新型气化技术正不断涌现,如超临界水气化、等离子气化和水煤浆共气化。

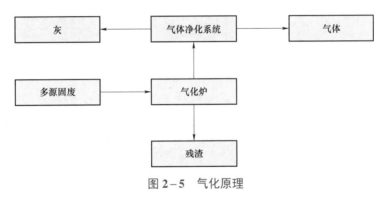

图 2-5 气化原理

多源固废超临界水气化处理工艺如图 2-6 所示,新开发的超临界水气化(SCWG)技术为固废在超临界水中进行完全的吸热还原转化以产生氢气提供了一种新的解决方案。该技术利用了超临界水(温度＞374.3℃,压力＞22.1MPa)的高溶解性、高扩散性和高反应性的特殊物理化学性质,具有这些性质的超临界水可以用作均相、高速率的反应介质,将固废中的碳、氢和氧气气化为 $H_2$ 和 $CO_2$,从而实现多源固废的高效气化。在此过程中,高含水量的固废不再需要脱水处理,避免了与干燥过程相关的高处理成本。同时，固废所含的氮和硫将与金属元素、各种无机矿物质一起沉积为灰泥，从反应器底部排放，而不像传统气化过程排放为 $SO_x$ 和 $NO_x$，因此，可以从源头消除诸如 $NO_x$、$SO_x$ 和灰尘颗粒（例如 $PM_{2.5}$）等污染物[26]。气化产物是超临界水蒸气混合物，可以用于生产 $H_2$、电力、热能和蒸汽，由于其高浓度的 $H_2$ 和 $CO_2$，也可以用于生产高附加值的化学产品。该过程实现了固废的高效、清洁、无污染转化和利用。与传统气化技术相比，该技术具有诸多优点，如更高的效率、更清洁和无污染、无脱硫、无脱氮、无脱碳、水消耗少、运营成本低和投资回报率高[27,28]。

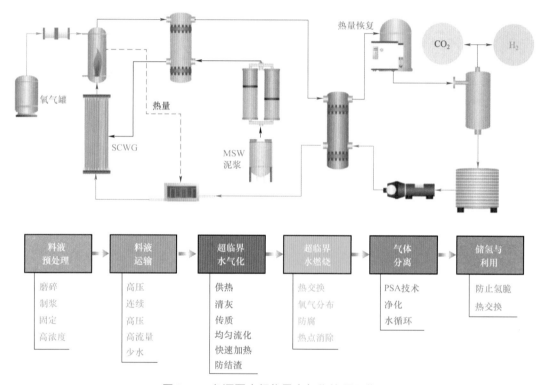

图 2-6 多源固废超临界水气化处理工艺

等离子技术是另一种近些年发展起来的技术，利用交流或直流等离子炬作为热源，将固废分解为合成气，其优势在于合成气或废渣中的有毒物质含量远远低于焚烧和传统气化过程，并且其合成气产量也相当可观[29]。

等离子技术将物质电离为富含能量的等离子体状态，即物质的第四种状态。激发生成等离子体的初始能量可以是热能、电流或电磁辐射，带电气体的存在使得等离子体在反应过程中具有很高的活性。等离子技术可以处理能量密度低、温度高的固废，将其有机化合物分解为元素组分，最终形成主要由 $H_2$ 和 CO 组成的高能合成气体。

然而，等离子体技术在固废能源化中的应用存在各种挑战。例如，使用电作为初始能源价格高昂，经济因素成为等离子体用于固废处理的最大障碍。此外，在等离子反应过程中，无机成分（玻璃、金属和硅酸盐）会转化为致密、惰性、不可滤除的熔融材料，并可能释放到大气中造成环境污染。

水煤浆共气化技术将固废、原煤和水按一定比例混合研磨制成水煤浆，其热值大于 1000 kJ/kg，然后从顶部喷入气化炉。该技术利用水煤浆气化炉还原气氛、高温加热和快速淬火的技术特点，将废弃物中的有机物质转化为以 $H_2$ 为主导的合成气，可以直接用作清洁燃料，或用于生产高纯度氢、纯氨、甲醇及其衍生物、天然气、清洁燃油和其他大宗化学品。一方面，这种技术在废弃物处理中被视为无害化资源利用。该过程不仅对固废的湿度没有限制，还适用于各种液体废弃物，因此与其他多源固废处理技术相比具有显著优势[30~32]。另一方面，水煤浆共气化技术存在耗水量大和对固废质量要求高（如良好的制浆性能）的弱点，可能降低水煤浆共气化技术的广泛应用。

## 2.3 生物化学处理过程

生物处理是指利用微生物的功能，直接或间接将固废中的有机物转化为能源的技术[33,34]，生物处理过程原理如图 2-7 所示。生物处理相对于焚烧和传统的热化学处理具有显著优势，不需要对固废进行脱水处理，仅产生少量的灰和污染物，对周围环境的影响也较小。然而，生物处理的效率远低于焚烧和热化学处理，通常需要较长的处理周期。虽然产生的灰渣较少或不产生灰渣，但可能产生需要处理的有机废水。目前，生化处理技术主要指厌氧发酵。其他生化技术，如填埋气捕集和微生物燃料电池，仍处于发展阶段。

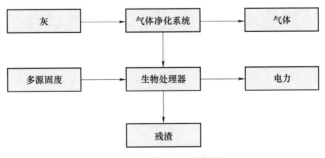

图 2-7  生物处理过程原理

### 2.3.1　厌氧发酵

厌氧发酵工艺是一种节能环保的生物处理技术，在畜禽粪便处理、废水处理、有机固废处理等领域得到了广泛应用。厌氧发酵是指固废在无氧条件下被微生物分解产生甲烷的过程[35]，产生的甲烷可以通过燃气轮机进行发电和供热。整个厌氧发酵过程通常需要 15～30 天，发酵之后的剩余残渣可以用于制备生物肥料或在焚烧炉中进一步利用，具有巨大的经济效益和环境效益。需要注意的是，厌氧发酵的质量受到多种因素的影响，其中温度的影响尤其突出。

在实践中，根据厌氧发酵过程中固废的质量比，发酵可以分为湿式发酵（含固率 5%～15%）和干式发酵（含固率＞15%）[36]。相比之下，虽然干式发酵技术门槛更高，但由于其预处理简单、产气率高、残渣组成简单且污染物较少，一般更受工业关注。目前，法国和德国已经在多源固废处理中成功启动了干式发酵项目。

除甲烷之外，$H_2$ 也可以通过微生物厌氧发酵产生，且具有发展潜力。目前，固废发酵产氢技术仍处于探索阶段。基于微生物产氢技术的产业化需要提高产氢效率和产氢速度，可以通过筛选和驯化具有可持续和高效产氢能力的混合微生物菌株，通过优化产氢过程来实现。此外，还可以利用固废中的微生物发酵产生乙醇和丁烷等液体燃料，其工艺在技术上与酿酒类似，已成为当前和未来研究的热门课题之一。

### 2.3.2　填埋气捕集

填埋是目前最常用的废弃物处理方式之一，被填埋的有机物在微生物的作用下会产生填埋气（LFG），这种气体的主要成分是甲烷和二氧化碳，因此 LFG 是温室气体的最重要来源之一[37]。捕集来自垃圾填埋场的甲烷用于供能，不仅有利于缓解能源供应矛盾（通过利用填埋气体减少对主要能源的需求），也有助于应对气候变化。目前，填埋气体作为供暖的天然气来源正越来越受欢迎，并有望成为未来热电联产项目的主要能源来源。捕集 LFG 的过程包括安装气体收集系统，多余的气体将在开放或封闭条件下燃烧，以防止 LFG 进入大气中[38]。

尽管预计填埋气体捕集有望得到广泛应用，但仍存在以下问题：

（1）由于填埋场面积大且填埋气体分布分散，目前实际捕集整体气体仍然困难且成本较高。

（2）由于周围环境容易受到填埋场渗滤液影响，提供经济高效的渗滤液处理解决方案是先决条件[39]。

### 2.3.3 微生物燃料电池

微生物燃料电池（MFC）是一种利用微生物降解有机固废进行发电的生物催化系统，主要用于（家庭）废水处理或用于报警式生物传感器检测进水毒性和高化学需氧量（COD）浓度。微生物燃料电池原理图如图2-8所示，微生物燃料电池通常由质子交换膜、阳极室和阴极室组成[40]。阳极通常保持无氧状态，而阴极可以暴露于空气或浸渍于有氧溶液中，电子通过外部电路从阳极流向阴极。

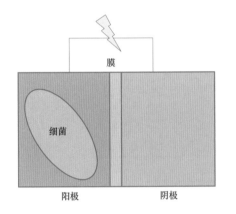
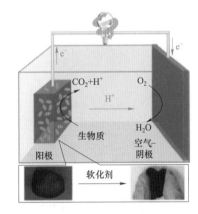
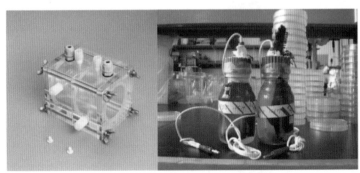

图2-8 微生物燃料电池原理图

MFC适用于偏远或危险地区的小规模发电，监测深海油气管道腐蚀和压力水平的传感器装置利用微生物燃料电池供电就是一个例子。此外，微生物燃料电池的应用还可以扩展到生物制氢和生物传感器领域。目前，该技术仍处于起步阶段，面临着功率低和能量密度低的实际挑战。针对效率低的问题，一个潜在的解决方案是通过扩大电极表面积以增加微生物燃料电池的功率。此外，微生物燃料电池的最佳设计仍在研究中，如开发不同的电极材料以及更具选择性的质子交换膜来提高其性能；一些研究机构还提出使用电容器来储存微生物燃料电池释放的能量。同时，由于微生物对环境温度反应敏感，微生物燃料电池在操作温度方面受到严格限制。然而，微生物燃料电池的商业化推广目前还受到电极和膜等材料成本高和废水缓冲能力低的限制[41]。

# 3

# 多源固废耦合发电

多源固废能源化（MSWtE）技术在废弃物处理过程中实现了对固废中能量的回收利用，尽管其应用目前仍存在一定的挑战（在第 4 章详细论述），但仍被视为一种潜在的稳定能源补充和有效的废弃物处理方法。电力系统与固废能源化的耦合成为当前主要的发展趋势，即多源固废耦合发电（CPG－MSW）。多源固废耦合发电的主要技术包括固废耦合火力发电、太阳能发电、风力发电、核能发电。与单一发电系统相比，多源固废耦合发电结合了多源固废能源化和相关发电技术的优势，满足能源回收效率的同时，控制了污染物的排放，并提升了电网稳定性。因此，多源固废耦合发电是目前新型电力系统的重要补充，也是未来实现废弃物高效管理的一种可行手段。

## 3.1 固废耦合火力发电

多源固废与传统火力发电系统耦合技术，是目前应用最为广泛的多源固废耦合技术。该技术可以利用原有设备，而无需耗费大量社会资源新建多源固废能源化设施，通过化石燃料与多源固废的掺混，实现对成分复杂、低热值和高含水量固废的高效利用。该技术将固废能源回收用于火力发电，降低了传统火力发电机组的燃料成本，减少了由于使用燃烧化石燃料所产生的碳排放，成为助力火力发电绿色转型、社会供电系统降碳减排降的重要手段。

### 3.1.1 固废耦合燃煤发电

目前，燃煤电厂仍然是全球电能供应的主力。据 IEA 的数据统计，2019 年全球超过 36%的电力供应来自燃煤电厂[42]，特别是在中国和印度等新兴经济体中，燃煤发电对于社会电力供应的贡献超过了 60%[43]。先进燃煤发电的烟气处理系统可保证固废能源回收的清洁利用，可以有效消除多源固废能源化过程中产生的 $SO_x$、$NO_x$ 等有害气体。然而，为应对气候变化，许多国家制定了燃煤发电退役和减产的计划，许多先进的燃煤发电机组即将面临提前退役。

如前所述，多源固废具有低热值、高含水量以及复杂的元素成分，这为多源固废耦合燃煤发电系统技术带来了一定的挑战。相关的技术和管理创新仍然是该技术快速发展的重要推动因素。在此情况下，一些国家依靠成熟的废弃物分类和预处理技术来确保能源回收过程，例如，芬兰的 Lahden Lämpövoima Oy 电厂通过当地的固废处理厂分拣其中的高可燃成分，制成高热值的垃圾衍生燃料（RDF），依靠气化锅炉为燃煤发电系统提供部分热量。

燃煤耦合燃烧发电技术是利用先进的燃煤机组进行废弃物能量利用的另一种方式。根据现有燃煤电厂的燃烧特性和实际运行条件，通过调整耦合燃烧比例的方式，可实现高效的固废能量利用回收。例如，中国华能集团尝试在 1000MW 的超超临界机组（实际运行效率 45%）中，处理多源固废，运行结果表明，小比例的固废掺混并不会影响机组的整体运行效率。另外，一些先进的间接燃煤耦合燃烧发电技术可以降低多源固废的差异性，在确保燃煤机组稳定运行的基础上，用固废替代煤炭等化石燃料，降低废弃物预处理的难度，从而解决多源固废成分复杂、燃烧特性不稳定的问题。华能长江环保科技有限公司（CHYE）自主开发的前置炭化耦合发电技术，可通过抽取高温烟气对固废进行炭化、破碎等一体化处理，并直接入燃煤机组进行耦合燃烧，无二次转运过程，无废水、废气产生，已在燃煤机组与各种固废耦合发电的情景下得到了广泛应用。

热电联产（CHP）技术是现代燃煤机组发电技术的代表，该技术将不同品质的热能进行分级利用，将高品质的热量用于发电，将低品质的热量用于工业供热和生活供暖，使得该技术的能源利用效率比单纯发电提高了一倍以上，增加电力供应的综合效益。将热电联产技术应用于多源固废能源化，可以有效提高多源固废的能量回收利用率。固废焚烧转化利用效率见表 3-1，采用热电联产的多源固废耦合燃煤发电系统技术具有更高的能量转化效率，比一般的焚烧炉要高 10%～20%，是目前欧洲正在推广的多源固废能源化耦合技术之一。

表 3 – 1　　　　　　　　　　　　固废焚烧转化利用效率

| 固废转化技术 | 转化利用效率（%） |
| --- | --- |
| 直接焚烧 | 15～27 |
| 固废衍生燃料焚烧 | 25 |
| 热电联产 | 40 + |

目前，一些技术研究人员尝试在整体煤气化联合循环发电（IGCC）系统中进行固废耦合，以实现能量利用、有价元素的回收并扩大经济效益。这一方案可以通过气化预处理，有效控制固废能量利用过程中的污染问题，并减少有害成分对设备的腐蚀。

## 3.1.2　固废耦合燃气发电

燃气发电技术是目前能源利用最高效、最清洁的发电技术之一，目前先进的燃气发电系统在发电过程中可以实现近 60%的能量转化效率[45]，同时，燃气发电技术作为一种较为清洁的火力发电技术，具有灵活调峰、快速启停等优点，受到发达国家的追捧。多源固废耦合燃气发电技术是一种较为清洁的多源固废能源化途径。许多国家通过多源固废生成沼气、合成气等可燃气体，与天然气掺混耦合或直接替代天然气，用于燃气发电。此外，通过气化或预燃烧处理还可以有效控制污染。例如，2013 年日本福岛投运的燃气发电机组项目，利用福岛核危机后产生的大量废弃木材作为原料进行热解气化发电，避免核污染的扩散[46]。

然而，多源固废所制取的合成气在热值、硫含量、二氧化碳含量、水分含量等方面都与天然气存在较大的差别，需经过一系列脱硫、脱水、提纯等操作才能达到燃气发电技术的要求。因此，许多国家已经出台相关标准来明确和规范用于燃气发电的合成气/沼气组分的含量，并规范燃气与固废耦合发电的开发和应用。

从技术层面来看，全球各国都希望通过优化多源固废气化工艺，从而得到较为纯净而高效的气源，减少多源固废耦合燃气发电系统技术的成本，提高多源固废耦合燃气发电系统技术的经济性。共气化耦合发电是目前鼓励使用的转化方案之一，将化石燃料和固废混合是提高固废转化利用效率的有效方法之一。此外，许多研究人员试图在固废预处理转化过程中提升氢气的产出，作为固废耦合燃气发电中高效的能源物质。

一些中国[47]和印尼[48]的学者发现，超临界水气化可以及时实现高含水量固废的直接利用，同时，避免了与干燥过程相关的高加工成本。此外，超临界水条件下的有机反应更加均匀，反应速率更高。相关实验结果表明，褐煤的使用有助于解决污泥成分不固定的问题，同时可以调节原料特性，达到理想的气化效果。与传统的固废气化相比，这种组合明显提高了气化效率和氢气产量，使得合成气产物的热值较高，更易于多源固废耦合燃气发电技术的利用。除了生活污泥之外，中国学者也对造纸业废弃物开展相关的超临界水气化研究。通过机理分析和实验研究，调整掺混原料配比，实现共气化最优状态，提高了气化效率，减少了气化过程催化剂的使用，降低了多源固废耦合燃气发电技术的运行成本。

## 3.2 固废耦合太阳能发电

太阳能是目前应用和研究最为活跃的可再生能源之一。相较于传统的多源固废能源化过程，多源固废耦合太阳能发电系统技术有助于减少能源化过程中的能量损耗，提高能源化效率，减少污染物的排放。固废耦合太阳能发电可以采用多种形式，包括采用太阳能光热技术与多源固废能源化相关技术进行耦合，总体上可以降低现有光热技术的成本，提升光热技术的竞争力。近期，丹麦正在计划在奥尔胡斯投建一种基于生产税抵免（PTC）的固废耦合太阳能发电项目[49]。相较于单一光热发电而言，该项目不需要额外的储热系统，固废的能源转化提供总发电负荷的 25%，从而维持整个系统稳定运行，避免由于频繁启停而造成能量的浪费。经相关工程人员测算，该耦合发电系统的年净太阳能发电效率为18.13%，高于单一槽式光热系统15.79%的转化效率，为有效利用太阳能资源提供了新的可行路径。同时，与传统固废能源化技术相比较，该项目可以在光照充足的条件下提供更大的系统出力，从而提高多源固废的能源回收效率，具有一定的经济价值。

固废耦合太阳能发电技术进行合成气多联产技术的发展将对现有的能源利用有着极为重要的意义，将太阳能转变为以氢能为主的化学能，克服了太阳能固有的间歇性、不可存储性、不均匀性和能流密度低等缺陷。利用来源广泛和亟需处理的多源固废，将太阳能固定为可以稳定使用的能源物质，特别是清洁的小分子能源物质，将为未来解决由于太阳能不稳定所造成的电网波动问题提供思路，相关研究和工作已经在世界各地展开。

部分研究人员提出了未来集中式多源固废太阳能发电系统进行多联产的构想[50]。该系统利用平板式太阳能干燥器干燥生物质（85℃），将槽式集热器作为蒸汽发生器，利用塔式集热设备提供高温热源（800～1200℃），并在塔式集热器中进行固废燃料高温重整气化反应，所得的合成气经过处理之后，被送入燃气轮机中进行发电。该系统同时兼顾反应中的放热和余热利用，提高整个系统的能源利用效率。

同时，固废耦合太阳能发电技术使得分布式的多源固废能源化成为可能。相较于传统的小型固废能源化手段，该系统可有效限制污染物排放，并且通过太阳能热量的输入和固废能源转化过程，生成热值较高的能源产品[51]。目前，较为常用的系统利用碟式太阳能聚光器提供高温热源，将多源固废转化为合成气，生成的合成气经过冷却和净化可用于发电和供热。尽管目前该分布式系统的能源利用效率仅为 17.33%，但该耦合技术在环保和分布式布置方面的优势，将为未来多源固废能源化技术的发展带来新的思路。

未来，提高固废耦合太阳能发电的能源利用效率将是技术关键。利用太阳能光热聚光技术生成超临界水，并耦合固废制氢将为固废耦合太阳能发电技术的一个重要思路，该技术已经成功在传统生物质热分解制氢进行了试验且零污染[52]。固废耦合发电与氢气多联产系统的集成如图 3-1 所示，相关试验装置已经在中国稳定运行，实现了生物质处理量 1t/h 的运行规模，成功地展示了利用太阳能直接气化高含水量固废的可能性，改善了固废能源回收率和最终产品产量。

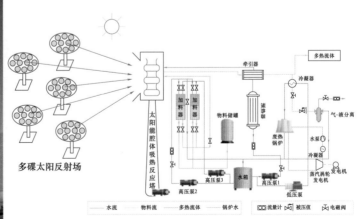

图 3-1　固废耦合发电与氢气多联产系统的集成

在固废耦合太阳能发电中，采用先进的太阳能技术也是提高固废能源回收率的有效途径之一。轮胎表面太阳能聚光器如图 3－2 所示，部分专家学者对耦合系统中的太阳能聚光系统进行了进一步的研发与改进，现已搭建了以第二代轮胎面聚光器为核心的耦合太阳能发电技术制氢系统[53]。通过超临界水气化试验，实现了 110% 的气化率和 50% 以上的合成气氢含量，进一步证明了通过与太阳能耦合，实现废弃物资源化、低成本、高效能和无害化利用的可能性。

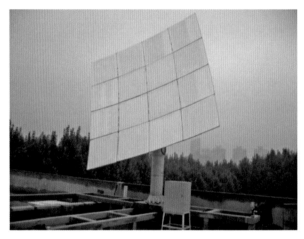

图 3－2 轮胎表面太阳能聚光器

## 3.3 固废耦合风力发电

固废耦合风力发电是对风力发电的重要补充。现有风能弃风问题始终困扰着现有风电产业的发展，部分地区的风力发电的弃风率有可能达到 20% 以上[54]，造成了严重的资源浪费。因此，许多地方不得不强制要求风力发电配备储能装置，尽管如此，仍然无法适应极端条件下风力发电技术的波动性，从而影响大比例风力发电接入的电网稳定性。根据丹麦（2020 年风电装机占全国装机的 50%[55]）的情况显示，丹麦的风力发电功率可能在几小时内发生吉瓦级的能量波动，若没有北欧大电网的支撑，将造成严重的供电问题。

目前一些研究成果发现，与多源固废等可再生能源耦合，可以使风力发电更具市场竞争力[56]。美国可再生能源实验室[57]提供了一种风力发电与生物质耦合的可行方案。风力发电量超过电网所能接受的最大容量时，富余的电量将被用于产生生物质热化学处理中所需的等离子体，可以使得生物质能源化过程连续运行。而生物质能源化生成的合成气可以用于燃气轮机进行重新发电，减少了风力发电的波动性，稳定电力供应。

考虑到固废与生物质的相似性，固废在该创新系统中也是一种潜在的可储存的可再生能源，可作为稳定风力发电机组输出的备用能源。目前，固废耦合风力发电具备初步技术可行性。通过等离子体气化，美国、加拿大、马来西亚和日本已成功利用污泥生产出优质合成气和电力[57]。因此，固废的高含水量不再是应用瓶颈。与利用生物质耦合风力发电相比，固废耦合风力发电的优势在于减轻了城市管理的压力，为未来社会带来更大的经济价值。

## 3.4 固废耦合核能发电

目前，核能参与电网调峰仍存在广泛的社会争议，随着全球风能和太阳能比例不断提高，电网的波动性增强，核能将不得不面临参与电网调峰。目前法国部分核电站已经开始参与电网调峰，但也给核能发电技术带来了许多问题。首先，由于核电换料周期相对固定（连续运行 12 个月或 18 个月），且在运行过程中频繁降升功率容易导致核燃料燃耗不充分，使得弃料中放射性强度增强，增加了后端乏燃料处理的难度和成本[58]。核电频繁参与调峰将影响设备可靠性，容易引发灾难性事故。因此，谨慎选择核能发电技术参与调峰的形式是目前许多国家的现实问题。

幸运的是，利用多源固废耦合核能发电技术，可以更好地实现核能发电参与电网调节，不仅对储能系统选址的要求大幅度下降，而且得到合成气/生物燃料，易于储存运输，是可能的调节方式之一。相较于传统的抽水蓄能系统，多源固废耦合核能发电技术还可以直接利用核反应中产生的热能，用于多源固废能源化处理，生成可用于传统火力发电的能源载体，减少了能源利用环节，降低转化过程中的能量损失。来自核反应堆的高温热源（超过 900℃）将能够直接气化多源固废。在处理多源固废的同时，将核能和废弃物中残存的化学能储存起来，方便后续运输和使用，或将会成为未来核能应用过程中经济可行的方案[59]。

韩国政府正在计划开展多源固废耦合核能发电技术来研发，用于解决日益增长的能源需求和废物管理问题。韩国计划的固废耦合核能发电系统如图 3–3 所示，该系统利用多源固体废弃物和农林废弃物作为原料制备垃圾衍生燃料（RDF），再利用来自核反应堆中的热量，制成合成气供应燃气轮机发电。韩国政府计划在该系统配备 500MW 的核反应堆，每天可消耗 12000t 垃圾衍生燃料，估计每年可生产 2000t 柴油和 205MWh 的电量。该耦合系统的顺利运行将有效降低韩国固体废弃物处理的成本，并在 30 年的使用寿命中，累计减少固体废弃物处理所产生的 2.57 亿 t CO$_2$[60]。

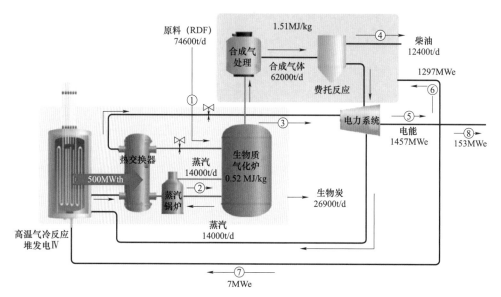

图 3-3　韩国计划的固废耦合核能发电系统

MWe—Megawatts of electric power，兆瓦电功率，是电力输出的单位，表示发电设备的功率输出；
MWth—Megawatts of thermal power，兆瓦热功率，是指热量输出的单位，表示热能的生产或消耗；
①—代表废弃物的收集与处理；②—代表废弃物转化步骤；③—代表核反应堆的热能供应；
④~⑧—涉及合成气的生成、燃气轮机的发电、废物排放或柴油生产等具体环节

# 4

## 多源固废能源化面临的挑战

尽管多源固废耦合发电在未来具有巨大潜力，但固废能源化的应用仍然存在一些挑战，包括固体废弃物管理、温度管理、水分管理和污染物排放管理。

### 4.1 固废管理

固废能源化最为关键的问题之一在于对固体废弃物进行合适的管理。针对不同类型的固体废弃物，最优的能源化处理方法不同。然而，固废管理现状不利于多源固废耦合发电技术的推广。根据世界银行的统计数据，低收入国家 90%以上的固废未经任何处理被无选择地焚烧或填埋[61]，造成了环境污染和能源浪费。全球废弃物管理条例情况表见表 4-1，低收入国家的废弃物管理条例较少[62]。

表 4-1 全球废弃物管理条例情况表

| 收入群体 | 国家总数 | 有明确固废管理法规或准则的国家数量 | 无明确固废管理法规或准则的国家数量 | 无相关信息的国家数量 | 有明确固废管理法规或准则的国家占比（%） |
|---|---|---|---|---|---|
| 高收入 | 78 | 75 | 2 | 1 | 96 |
| 中高收入 | 56 | 47 | 4 | 5 | 84 |
| 中低收入 | 53 | 47 | 1 | 5 | 89 |
| 低收入 | 30 | 18 | 1 | 11 | 60 |
| 合计 | 217 | 187 | 8 | 22 | 86 |

固废管理的另一个关键问题涉及固废的组成，这决定了废弃物收集的频率和处理方法。例如，一方面，就生活垃圾而言，低收入国家有机固废所占比例最高，而在高收入国家，纸张、塑料和其他无机物占据了固废的主要比例。另一方面，识别污泥及生产废弃物的危险特性也是固废成分管理的重要任务，将直接影响多源固废耦合发电

技术的投资和运营成本。

值得一提的是，固废成分的季节性变化[63]也无形中增加了其能源再生的难度。例如，在蒙古国首都乌兰巴托，冬季固废中的灰分含量超过 60%，而在夏季仅为 20%；通过分析俄罗斯彼尔姆产生固废的季节性变化[64]，发现固废在春季有机组分含量仅占 17%，在秋季增加到 31.5%。实验数据表明，有机组分的含水量和灰分也存在季节性变化，秋季含水量 82%、灰分 14 %，而冬季含水量 73%、灰分 22%。含水量和灰分含量的变化直接影响固废的能源效率，需要更有效的固废检测和管理办法、合适的分类方法以及准确描述固废能源化的标准，以提高多源固废耦合发电的处理效率。

## 4.2 温度管理

温度是多源固废耦合发电中最关键的影响因素之一。以燃煤耦合发电为例，温度是影响污染物排放的关键。燃烧温度过低会导致二噁英等有机污染物降解不完全，也会因能源不完全利用造成资源浪费。燃烧温度过高则会产生二次氮氧化物（空气中的氮与氧反应产生），给烟道尾部的脱硝设备带来额外的运行负担。此外，对于集中式太阳能与固废耦合发电，需要进一步研究日照度、每日太阳辐射和反应器内的温度控制。

多源固废耦合发电与传统火力发电的区别在于固废中卤化元素含量较高，可能对传感器、控制元件和控制系统造成损害。因此，与防腐保护相关的标准和技术措施对多源固废耦合发电技术的进一步推广至关重要。

## 4.3 水分管理

多源固废中的水分会降低能源回收率，并可能导致渗滤液收集问题。因此，在多源固废耦合发电技术中，脱水是一个重要的步骤。然而，固体废弃物含水量差异明显，工业废弃物含水量较低，但生活垃圾含水量普遍较高，例如生活垃圾含水量一般在 50%～70%，污泥含水量甚至可能高达 85%以上。若都采用相同脱水方式，将导致不必要的能量消耗，影响整体能量回收。因此，开发含水量检测、控制和管理系统，在固废预处理过程中实现对含水量的精准控制，将是进一步提高多源固废耦合发电技术效率的关键。

## 4.4 污染物排放管理

虽然与传统能源技术相比，固废能源化产生的污染物排放较少，但仍存在潜在的健康和安全风险[65]。大量研究正在调查固体废弃物处理后排放物与癌症等疾病之间的相关性，这些研究成果成为公共卫生机构和非政府组织活动人士反对多源固废能源化的理由。因此，严格的排放管理标准将直接关系到多源固废耦合发电技术的推广和应用，是日后多源固废能源化面临的主要挑战。

### 4.4.1 耦合焚烧发电过程中的烟气污染物、腐蚀和结渣问题

耦合固体废弃物焚烧产生的烟气通常会携带一定量的有害物质排放到大气中，除了常见的氮氧化物、硫氧化物（主要是二氧化硫）、粉尘、一氧化碳、氯化氢等，还包括重金属、二噁英等非常规微量污染物，对环境和人体健康造成严重影响，增加了处理设施的投资和运行成本。例如，大型燃烧系统需要昂贵的空气污染控制系统，美国的一些州对固废焚烧耦合发电有严格的许可制度，要求对灰渣和烟气进行适当处理[66]。

固废中的重金属主要包括镉、铅、铬、汞及其化合物。在焚烧过程中，一部分重金属将进入烟气，另一部分将形成氧化物或卤化物。二噁英产生的主要来源包括固废的不充分燃烧、固废中类二噁英的前体物质经催化作用生成和烟气净化过程中低温再合成。

作为一种高度复杂的混合物，固废包含塑料、木材和纸张等可燃组分，以及砖块、碎石、金属等不可燃组分。焚烧后产生的烟气中含有氯化氢、氮氧化物、二氧化硫等酸性气体，以及黏性灰渣。灰渣容易附着在加热面的管壁上，降低传热效果，导致烟气温度升高。酸性气体不仅对大气造成严重污染，还会导致废弃物焚烧炉高温腐蚀，限制固废焚烧设备的大型化和高参数化[67]。结渣问题也困扰着固废焚烧设施的正常稳定运行，该问题在燃煤耦合焚烧装置中同样存在。

为减少燃煤锅炉和烟气处理设备受到燃烧产生的酸性污染物的腐蚀，固废焚烧技术下一步应注重控制卤化物和有机物的比例。可行的途径包括：

（1）在燃煤装置中使用氯化添加剂，以减少炉内的含氯物质，有效减少腐蚀。

（2）优化设施的运行和管理措施，控制机组的热负荷、温度和风量比例。

（3）开发新型耐高温腐蚀材料和喷涂耐腐蚀涂层，提高耐腐蚀性能，延长设备的使用寿命等。

### 4.4.2 耦合焚烧发电过程中的灰渣排放问题

灰渣排放问题主要由飞灰和渣滓中存在的重金属含量可能超出现有环保标准造成。另一个与灰渣有关的问题是由于固废中含氯量较高，导致飞灰中氯含量增加，可能影响飞灰的后续利用。

# 5

# 多源固废耦合发电相关标准

　　标准化是实现质量管理和一致性的基础。不仅需要对管理的具体内容进行标准化，更需要对管理方法和途径制定相应的标准体系。后者对多源固废耦合发电技术的推广起着至关重要的作用，是连接传感器、智能控制、电气化技术和其他跨领域应用的重要桥梁。

　　高效的多源固废耦合发电技术离不开高质量的标准，必须研究相关标准体系的构建和制定，并应对其所面临的挑战。根据前一章节的分析，高效的多源固废耦合发电技术必须从废弃物、温度、水分和污染物排放四个不同的角度考虑高质量的管理。

　　定期收集案例和需求以构建和支持标准体系，是成功标准化的先决条件。由于多源固废耦合发电技术应适应全球环境保护和废物处理的趋势，因此需要具有普适性的国际标准，特别是涉及具体要求和服务方面。

## 5.1　现有标准化分析

### 5.1.1　IEC

　　IEC 的一些技术委员会已经开展了相关标准的工作。

　　**IEC/TC 27 工业电热和电磁处理：**该技术委员会主要涉及相关电加热工业设备、电磁处理和基于电加热处理技术的标准化工作。具体内容包括直接和间接电阻加热设备、电阻痕迹加热设备、感应加热设备、材料电磁力、电弧加热设备、电渣再熔设备、等离子体加热设备、微波加热设备、介质加热设备、电子束加热设备、激光加热设备和红外辐射加热设备。值得注意的是，在固废能源化过程中，高温加热设备的性能和稳定性直接影响到固体废弃物能源化的效率和成本。

**IEC/TC 57 电力系统管理及其信息交换**：该技术委员会主要关注信息交换，包括电网和分布式能源模型、电能管理系统（EMS）、配电管理系统（DMS），电力市场管理系统（EMMS）、分布式能源管理系统（DERMS）、数据采集与监视控制（SCADA）、输配电及微电网管理和自动化、保护或远程保护，以及用于实时和非实时电力系统规划、运营和维护的相关信息交换。在含有固废能源化的多能耦合系统中，需要精准可靠的能源电力管理系统，以便有效调节固废能源化速度、提高系统整体效率、降低系统整体碳排放。

**IEC/TC 65 工业过程测量、控制和自动化**：该技术委员会主要制定有关工业过程测量、控制和自动化中使用的系统和组件的国际标准。多源固废耦合发电工艺设备的测量、控制和系统集成与该技术委员会密切相关。

**IEC/SC 65B 测量和控制设备**：该技术委员会分会主要制定测量和控制方面的具体标准，包括用于工业过程测量和控制的（硬件和软件）设备（如测量设备、分析设备、执行器等）和可编程逻辑控制器，以及互换性、性能评估和功能定义。

**IEC/SC 65C 工业网络**：该技术委员会分会主要关注用于工业过程测量、控制和制造自动化的有线、光学和无线工业系统的标准化，以及用于研究、开发和测试的设备系统的标准化。其范围包括布线规划，互操作性、共存性和性能评估。

**IEC/SC 65E 企业系统设备与集成**：该技术委员会分会主要关注设备与工业自动化系统的集成，以及工业自动化系统与企业系统集成的标准化。该标准化工作旨在解决设备属性、分类、选择、配置、调试、监测和基本诊断问题。其中涉及商业和制造活动系统集成的标准化工作与 ISO/TC 184 合作开展。

**IEC/TC 70 外壳防护等级**：该技术委员会负责制定关于外壳防护等级测试方法的国际标准，以防止固体异物和水分的进入以及防止进入危险区域。水分和固体异物是固废能源化处理过程中常见的杂质，防护和防护等级评估对于确保固废能源化处理工艺的安全稳定运行具有必要性。因此，相关标准的制定对于固废能源化的推广和应用具有重要意义。

**IEC/TC 111 电工电子产品与系统的环境标准化**：该技术委员会与 IEC 的产品委员会密切合作，在环境领域编写必要的指南、标准和技术报告。同时，该技术委员会重点制定产品标准的环境要求，以促进类似环境问题的解决，提供共同的技术路径和解决方案，从而确保 IEC 标准的一致性，与 IEC 环境问题咨询委员会（ACEA）和 ISO/TC 207 保持有效联系。多源固废能源化过程涉及到对众多电工电子产品废弃物的处理，相关处理要求和准则与 TC 111 密切相关。

## 5.1.2　ISO

ISO 从很早就开始关注废弃物处理和能源化相关的技术。相关标准委员会的情况总结如下。

**ISO/TC 28/SC 7　液体生物燃料**：该技术委员会制定与液体生物燃料的术语、分类和规格相关的标准，并对纯液体生物燃料的分析和测试方法进行标准化。

**ISO/TC 193　天然气**：该技术委员会负责天然气及其相关气体，包括天然气、天然气替代品、天然气和气体燃料（如非常规和可再生气体混合物等）和湿式可燃气体的术语、质量规格、测量、取样、分析和测试方法的标准化，以及天然气热物理性能的计算、测量和从生产到终端使用过程的监管。

**ISO/TC 238　固体生物燃料**：该技术委员会致力于制定与来自树木栽培、农业、水产养殖、园艺和林业的固体生物燃料相关的标准。

**ISO/TC 255　沼气**：该技术委员会致力于为沼气行业建立国际标准体系和行业发展规范。

**ISO/TC 275　污泥回收、循环、处理和处置**：该技术委员会制定关于污泥描述、分类、制备、处理、回收和管理方法的标准，以及城市污水收集系统、土壤、雨水处理、净水厂、市政和类似工业污水处理厂的产品管理标准。这些标准化工作旨在促进污泥的处理工艺和利用及处置的选择，是多源固废能源再生的重要组成部分。

**ISO/TC 297　废弃物收集和运输管理**：该技术委员会致力于通过制定废弃物收集和运输管理相关的标准，提高产品的市场接受度。尝试通过对设备、环境效率、服务措施、测试方法、安全和健康要求的标准化，降低废弃物管理过程中的生产、运营和维护成本，从而促进健康、可持续的城市发展，为多源固废能源化过程中的收集和运输提供标准基础。

**ISO/TC 300　固体回收材料（包括固体回收燃料）**：该技术委员会明确了固体回收燃料的定义和描述，对固体回收材料和燃料进行了标准化。此外，还涉及多源固废、商业和工业废弃物以及建筑垃圾相关工作的标准化。该技术委员会还规范了从非危险废弃物中提取固体回收燃料的过程，以便于在以下工厂和工艺中进一步的利用：发电厂、气化厂、热解厂、化学回收和矿物利用（如水泥和石灰制造）。

### 5.1.3 中国相关标准化工作

**SAC/TC 42/SC 5 全国煤炭标准化技术委员会矿井水与废物资源化分技术委员会：** 负责全国矿井水质分析测试方法、矿井水质评价、煤炭废弃物治理与资源化和其他领域的标准化工作。其中，GB/T 28733—2012《固体生物质燃料全水分测定方法》和 GB/T 28730—2012《固体生物质燃料样品制备方法》与生物质固废能源利用密切相关。

**SAC/TC 124/SC 1 全国工业过程测量控制和自动化标准化技术委员会温度、流量、机械量、物位、显示仪表、执行器和结构装置分技术委员会：** 负责全国温度、流量、机械量、物位、显示仪表和执行器等专业领域标准化工作。其中 GB/T 11606—2007《分析仪器环境试验方法》、GB/Z 21193.3—2007《矿物燃烧蒸汽发电站 第 3 部分：蒸汽温度控制》、GB/T 36014.2—2020《工业过程控制装置 辐射温度计 第 2 部分：辐射温度计技术参数的确定》与多源固废能源化相关。

**SAC/TC 275/SC 1 全国环保产业标准化技术委员会环境保护机械分技术委员会：** 负责烟气脱硫及成套设备、城市生活垃圾处理成套设备、工业固体废弃物处理和处置设备等领域标准化工作。现行标准包括：GB/T 28739—2012《餐饮业餐厨废弃物处理与利用设备》、GB/T 29152—2012《垃圾焚烧尾气处理设备》、GB/T 35251—2017《垃圾裂化焚烧装置》。正在制定的标准有 20201776－T－303《等离子体处理危险废物技术及评价要求》、20201775－T－303《污泥热解资源化成套装备运行效果评价技术要求》和 20201774－T－303 《城镇污水 MBR 处理工艺系统运行效果评价技术要求》。

**SAC/TC 273 全国生态环境监测方法标准化技术委员会：** 负责水、土壤、空气环境、生态和环境监测等领域的监测方法的标准化，对多源固废能源化的环境影响评价有直接影响。

**DL/TC 08 电力行业电站锅炉标准化技术委员会：** 近年来在燃煤耦合固废发电领域开展了技术标准工作。公开资料显示，该技术委员会先后发布和制定了两项规范燃煤耦合发电技术的电力行业标准：《电站煤粉锅炉掺烧城镇污泥技术导则》和《燃煤耦合污泥发电前置入炉系统技术规范》。

一些地方政府也出台了多源固废能源化技术的地方标准，如 DB31/1291—2021《燃煤耦合污泥电厂大气污染物排放标准》和 DB37/T 2670—2015《油田含油污泥流化床焚烧处置工程技术规范（试行）》等。

## 5.1.4　美国相关标准化工作

美国作为世界上固废能源化产业最成熟的国家，在相关产业领域的标准化活动更为活跃，其主要的标准组织已经制定了与固废能源化相关的标准。美国机械工程师学会（ASME）于 2017 年制定了标准 ASME PTC 34—2017《带能量回收功能的废物燃烧室》，用于评价废物锅炉的能量回收性能。该标准用于确定废弃物燃料的燃烧系统热效率、热容量（单位时间的热量输入）和高位热值（HHV）。该标准中的规则和说明适用于所有具有能量回收的废物燃烧室系统，其测试方法可用于测试固体、液体或气态废弃物燃料。其规则是以锅炉作为量热计，计算废物燃烧室系统的热容量和热效率。同时，通过重量消耗计算废弃物燃料的高位热值。

此外，美国材料实验协会（ASTM）的废物管理标准提供了一系列与生活、商业和工业废弃物处置管理相关的指南、实践和测试方法。整个系统涉及用于健康、环境等方面的废物运输、处理、回收或处置，为负责城市废物、工厂和实验室废弃物管理的地方政府部门提供了必要的管理标准[68]。其中，ASTM E2060－06（2014）涵盖了选择和应用燃煤产物（CCPs）对废弃物和污水中的微量元素进行化学稳定的方法，以及流化床燃烧工艺等用于粉煤灰、废干式吸附剂、管道喷射等先进的控硫燃烧方法，以便于优化固废能源化处理工艺。此外，2002 年由哥伦比亚大学地球工程中心及美国能源回收和利用协会组织发起成立的国际废弃物能源化技术与研究组织（WTERT）已发展成为世界上最重要的固体废弃物回收和能源利用研究组织。

## 5.1.5　欧盟相关标准化工作

欧盟（EU）制定了世界上最详细的固废处置标准，在固废处置及多源固废能源化的标准化工作中处于领先地位。欧盟有关废弃物处理的规范主要归入《废弃物框架指令》和 EN 12740:1999《生物技术—研究、开发和分析实验室—废弃物处理、灭活和测试指南》，为废弃物管理、分离、容器、收集、储存、处理方法选择、处置方法、测试和验证以及风险管理等建立了一套标准。2018 年，欧盟修订了《废弃物框架指令》，提高特定废弃物的回收率，本次修订主要影响现有填埋场废弃物、报废车辆、废旧电池和电池组及废弃电器和电子产品，进一步提高了欧盟废弃物处理标准[69]。欧盟工业排放指令（2010/75/EU）对专用焚烧炉和水泥窑、锅炉以及其他协同处理固体废弃物工业窑炉提出了技术和管理要求，同时该排放指令还涉及废弃物接收要求、设施运行条件、污染排放限值、监测要求等[70]。

最近，欧盟制定了一套称为"最佳环境管理实践（BEMPs）"的高潜力项目，旨在指导负责废弃物管理的公司和地方政府选择最佳的废弃物管理手段和方案，实现循环经济。该实践报告由相关领域专家组成的技术工作组完成，涵盖废弃物管理的所有领域，制定废弃物管理战略，推广减少废弃物，建立有效的废弃物回收机制，支持和激励基于产品的废弃物再利用。此外，该报告提供了一套环境绩效指标，可供欧盟相关组织用于评估废弃物管理绩效和监测进展，展现了废弃物管理可实现的最佳方案。通过参考广泛的资料，包括环境效益分析、经济分析、案例研究、参考文献等资料，该实践报告旨在为行业内相关组织提供关于最佳实践模式的启示和指导。该报告还将作为欧盟生态管理和审核计划（EMAS）的技术基础，为日后欧盟相关标准体系构建和标准修订提供重要指导[71]。

## 5.2 标准化展望

从全球来看，发达国家和发展中国家在城市固废耦合发电相关标准之间的差距越来越大。虽然部分发达国家已经制定了相关的标准和法规，但全球范围内的标准化推广仍存在较大阻力。随着全球新一轮城市化进程的到来和全球人口的持续增长，对能源和废弃物有效管理的需求正在同步增长。在这种情况下，多源固废耦合发电技术将被赋予重要的历史使命和责任。

多源固废耦合发电技术涉及的技术和行业十分广泛。由于其原料来源复杂，已有的固废回收标准并不适用于多源固废能源化技术。因此，制定合适的多源固废能源回收利用、评价和评估标准迫在眉睫。这些标准将有助于实现从多源固废中有效回收能源，实现能源全球化，确保人人都能获得负担得起的、可靠的、可持续和现代化的能源。

在此基础上，鉴于目前先进技术、先进设备研发、示范应用和科技成果转化的现状，结合电气化和数字化技术，构建多源固废能源化有效管理相关标准化体系的必要性不容忽视。随着技术的发展，多源固废能源化回收问题会通过智能的方案解决，进而可能推动"无废城市"的建设和可持续发展目标的实现。减轻因固废管理不力造成的污染及应对即将到来的气候变化挑战具有重要意义。

建立和完善长期的监督管理机制对多源固废能源化回收意义重大。低成本、环境友好的方案将更容易被采纳[72]。呼吁各国共同制定相关的国际标准和合格评定体系，真正实现多源固废耦合发电领域"一个标准、一次认证、全球通行"的标准化目标。此外，该机制需要加强数字智慧监管。物联网（IoT）可为固废管理平台建设提供技术支撑，有助于实现台账管理并建立固废管理电子档案，还可以加强信息交互技术的监管能力。

为了耦合发电技术的工业化发展，需要成立一个专门的国际协会，负责协调多源固废耦合发电项目，统一跨领域的相关技术问题，连接系统的各个环节，确保多源固废能源回收综合平台的互操作性。从系统角度出发，该协会将考虑系统的各个组成部分，从多个角度提供解决方案。该协会还可在全面考虑社会发展需求的情况下进一步扩展，将多源固废耦合发电技术领域整合成为一个完整、开放的标准体系，推动其技术和管理发展创新路径的选择。

多源固废能源化在电力系统中的作用正在转变。目前，在多源系统与固废能源耦合的应用研究中，剩余能量已经从发电转化为储能。随着全球清洁能源技术的快速发展，清洁能源发电装机容量显著增加。在这些条件下，高效、安全、可靠的储能技术已成为未来能源互补发展的关键。与其他储能技术相比，多源固废能源化可以同时实现热能和电能的储存，该特征使其可在多种场景下应用，满足更灵活的需求。近年来，各种相关技术正逐渐从实验室走向实际应用，如核电、风电、太阳能与多源固废能源化结合的应用。

然而，现阶段多源固废耦合发电的应用仍然存在挑战，各种工艺（包括检测、监测、控制、运行和管理等）仍处于发展阶段。因此，相关的标准化工作将有效引领和加快推广多源固废耦合发电技术的应用。目前，缺乏耦合系统的相关标准是限制多源固废耦合发电产业化的重要因素之一。需要制定的标准包括：

（1）精确的控制系统：温度是影响固废能源的关键因素，精确的温度控制单元将有效提高固废的能量转化效率。但是，目前尚未具备适用的高性能温控系统（包括固废耦合发电的传感器、电子元件等）。

（2）可靠的系统兼容性：不同能源系统的耦合过程可能存在一些潜在的安全隐患。耦合系统兼容性能否长期稳定将取决于具体的技术细节和演示验证。

（3）灵活调度：发电系统在调节上的灵活性是电力系统的必要条件之一。但目前多源固废耦合发电调峰的灵活性尚不明确。

（4）普遍接受：各国对于多源固废耦合发电的具体技术路径和解决方案仍存在分歧，难以达成共识。

国际标准化进程对于加强各国之间的相互了解和需求、选择合适的发展路线、减少重复工作、消除相关壁垒具有重要意义。

# 6

# 结论与展望

多源固废耦合发电不仅是一种提高多源固废能源回收效率的技术，也是一种多源固废能源与现代发电相结合以弥补发电能力不足的方案，是缓解多源固废处置土地占用和环境污染，确保多源电力稳定供应的综合性解决方案之一。

现有的多源固废耦合发电技术包括多源固废与火力发电、太阳能光热发电、风力发电以及核能发电的耦合，其中多源固废与热电联产、沼气发电和煤电掺烧技术已经投入应用，而多源固废与太阳能、风能和核能的耦合还属于新兴领域。以上发电技术在未来都将实现更清洁的多源固废耦合发电，引发更进一步的想法和突破。同时，多源固废能源回收与新发电系统相结合将可能降低弃风率，实现核电长时间及高负荷调峰，达到区域和分布式光热资源的充分利用。相信随着技术的发展，作为可负担、清洁、可靠的能源，多源固废耦合发电将是实现人类可持续发展目标过程中不可或缺的重要部分。

为了实现高效的多源固废能量回收，需要对耦合系统的温度、原料、水分和污染物管理进行广泛的研究。与此同时，耦合系统可能会带来一些新的挑战，如不同发电技术之间的差异特征、系统潜在的二次污染和危害。了解和解决这些困难和挑战将是该领域未来科学技术和标准工作的最重要方向之一。

## 6.1 技术展望

### 6.1.1 多源固废耦合发电技术展望

以"减量化、资源化、无害化"为核心原则，进行"源头减量—智能分类—高效转化—清洁利用—精深加工—精准管控"全技术链工作。重点开发适应多源固废特征的能源利用和污染协同控制理论体系及多源固废耦合发电成套技术，形成多源固废和能源问题的系统性综合解决方案与推广模式，建立系列集成示范基地，带头推进必要的科技支撑，全面保证多源固废耦合发电能力。以上措施将有利于多源固废耦合发电的产业化，为提高技术效率及支撑生态文明和稳定能源系统建设提供科技保障。

全过程清洁控制是多源固废耦合发电的基本目标，其发展路径包括：多源固废能源化利用的理论研究、多源固废耦合发电全过程污染控制技术、含垃圾分类技术在内的多源固废耦合发电预处理技术以及技术标准规范与产品认证体系完善，有利于先进多源固废耦合发电的推广。

### 6.1.2　多源固废耦合发电规范化模型

能源化技术的工业化发展和定量化基础需要规范化的技术处理模型与标准化体系相结合。规范化模型具有以下作用：① 为技术选择、投资分析以及项目运维提供科学参考；② 为项目可行性研究提供论证；③ 为项目计划编制和项目后评价提供依据。

针对现有的多源固废耦合发电系统，特别是大规模、规范化的多源固废能源化处置项目和系统，需要开展详细的实验和评估，获得详尽系统数据，筛选关键系统功能的关键影响和评价指标，以此为基础建立规范化模型，有利于技术选型以及效果预测和评估。

### 6.1.3　多源固废耦合发电规范展望

高效多源固废耦合发电最关键的问题在于精确选择合适的多源固废作为原料。本报告中用于耦合发电的多源固废具有一定热值，可与其他能源耦合发电，如有机或生物质固废，也被称为能源基固废。多源固废的能量特性应根据不同耦合发电系统的技术需求进行合理的定义和匹配，因此需要相应的规范和标准提供必要的依据。

### 6.1.4　建立多源固废耦合发电评价体系

耦合发电是解决多源固废处理量大、环境污染严重等问题的有效手段，也是解决城市能源稳定需求的新趋势。然而，不同城市固废产生量和组成特性差异明显，每个城市的能源需求不同，与传统石化能源或清洁能源结合的选择也有所不同。多源固废耦合发电评价指标应具有基本的共性，建立一致有效的评价体系，如能源效率、经济效率和环境效率等，将促进多源固废耦合发电的发展和应用，提供更高的效率、更低的成本和环境友好的特性。

## 6.2  标准化展望

制定多源固废耦合发电技术相关标准，提供权威性的参考依据，将从根本上支持多源固废耦合发电的应用。同时，通过规范多源固废适用于耦合发电的特性，可避免实际推广时与现有发电系统不匹配或能源需求与材料需求的矛盾。具体而言，IEC 的 TC 27、TC 57、TC 65 和 ISO 的 TC 238、TC 255、TC 275、TC 282、TC 300 等技术委员会及其他标准委员会相关技术的努力对多源固废耦合发电的环境、技术和行业的发展不可或缺。即便如此，在工业化阶段，在 IEC 或 ISO 中成立一个新的技术委员会对构建全球普遍的多源固废耦合发电标准体系至关重要。

在标准化过程中，与全球能源和电力行业协会合作将增强标准制定的权威性和全球互通性，而且可为多源固废耦合发电关键问题提供有效的解决方案。

具有足够热值的多源固废是构成新型电力系统的重要组成部分，可靠的认证可以确保其满足新型电力系统所需的技术安全性和可靠性。此外，需要充分考虑多源固废耦合发电在能源多元化方面的应用，从而建立一个全面的评价和判定体系。

# 参考文献

[1] IPCC, Climate Change 2021: The Physical Science Basis. Contribution of Working Group I to the Sixth Assessment Report of the Intergovernmental Panel on Climate Change. Cambridge University Press, 2021. Available: https://www. ipcc. ch/report/ar6/wg1/. [Accessed: 20 March 2023].

[2] KAZA, S., YAO, L. C., BHADA-TATA, P., VAN WOERDEN, F. 2018. What a Waste 2. 0: A Global Snapshot of Solid Waste Management to 2050. Urban Development. Washington, DC: World Bank. © World Bank. Available: https://openknowledge. worldbank. org/handle/10986/30317. [Accessed: 20 March 2023].

[3] IPCC, 2007: Climate Change 2007: Synthesis Report. Contribution of Working Groups Ⅰ, Ⅱ & Ⅲ to the Fourth Assessment Report of the Intergovernmental Panel on Climate Change. IPCC, Geneva, Switzerland, 104 pp. Available: https://www.ipcc. ch/site/assets/uploads/2018/02/ar4_syr_full_report. pdf. [Accessed: 20 March 2023].

[4] Available: https://assets.kpmg/content/dam/kpmg/xx/pdf/2019/10/insight-magazine—2019. pdf. [Accessed: 20 March 2023].

[5] KONG, S., LIU, H., ZENG, H. et al. The mechanism and influence factors of dioxin formation pollutants during waste incineration. *Environmental Engineering*, 2012, 30(S2): 249 − 254 + 279.

[6] Available: https://huanbao.bjx.com.cn/tech/20180323/158792. shtml(in Chinese). [Accessed: 20 March 2023].

[7] BOSMANS, A., VANDERREYDT, I., GEYSEN, D., HELSEN, L. The crucial role of Waste to Energy technologies in enhanced landfill mining: a technology review. *J Clean Prod.* 2013;55: 10–23.

[8] MAŠA KNEZ HRNČIČ, GREGOR KRAVANJA, ŽELJKO KNEZ. Hydrothermal treatment of biomass for energy and chemicals. *Energy*, 2016, 116(2): 1312 – 1322.

[9] PAULINE, A. L., JOSEPH, K. Hydrothermal carbonization of organic wastes to carbonaceous solid fuel: A review of mechanisms and process parameters. *Fuel*, 2020, 279: 118472.

[10] SAQIB, N. U., SHARMA, H. B., BAROUTIAN, S., et al. Valorisation of food waste via hydrothermal carbonisation and techno – economic feasibility assessment. *Science of the Total Environment*, 2019, 690: 261 – 276.

[11] FIORI. L., BASSO, D., CASTELLO, D., et al. Hydrothermal carbonization of biomass: Design of a batch reactor and preliminary experimental results. *Chemical Engineering Transactions*, 2014, 37: 55 – 60.

[12] KAMBO, H. S., DUTTA, A. A comparative review of biochar and hydrochar in terms of production, physico-chemical properties and applications. *Renewable and Sustainable Energy Reviews*, 2015, 45: 359 – 378.

[13] SAQIB, N. U., SARMAH, A. K., BAROUTIAN, S. Effect of temperature on the fuel properties of food waste and coal blend treated under co-hydrothermal carbonization. *Waste Management*, 2019, 89: 236 – 246.

[14] KIM, H. W., CHO, W., LEE, J. Characterization of bio-coal made via hydrothermal carbonization of mixed organic waste. *Journal of Korea Society of Waste Management*, 2020, 37(2): 93 – 101.

[15] JUN, Z., WEI, Z., YU, T., LIN, C., LINLIN, Y. and JIE, Z. Sulfur Transformation during Microwave and Conventional Pyrolysis of Sewage Sludge. *Environmental Science & Technology*. 2017, 51, 709 – 717. Available: http://dx. doi. org/10. 1021/acs. est. 6b03784. [Accessed: 20 March 2023].

[16] BUTLER, E, DEVLIN, G, MEIER, D, et al. A Review of Recent Laboratory Research and Commercial Developments in Fast Pyrolysis and Upgrading. Renew Sustain Energy Rev, 2011, 15(8): 4171 – 4186.

[17] ZHANG, L., XU, C., CHAMPAGNE, P. Overview of recent advances in thermo-

chemical conversion of biomass. *Energy Conversion and Management*, 2010, 51(5): 969 – 982.

[18] BEHRENDT, F., NEUBAUER, Y., OEVERMANN M., et al. Direct Liquefaction of Biomass. *Chemical Engineering Technology*, 2008, 31(5): 667 – 677.

[19] GAI, C., ZHANG, Y., CHEN, W., et al. An investigation of reaction pathways of hydrothermal liquefaction using Chlorella pyrenoidosa and Spirulinaplatensis. *Energy Conversion and Management*, 2015, 96: 330 – 339.

[20] VALDEZ, P. J., NELSON, M. C., WANG, H. Y., et al. Hydrothermal liquefaction of Nannochloropsis sp: Systematic study of process variables and analysis of the product fractions. *Biomass and Bioenergy*, 2012, 46: 317 – 331.

[21] LÓPEZ BARREIRO, D., PRINS, W., RONSSE, F., et al. Hydrothermal liquefaction (HTL) of microalgae for biofuel production: State of the art review and future prospects. *Biomass and Bioenergy*, 2013, 53: 113 – 127.

[22] TIAN, C., LI, B., LIU, Z., et al. Hydrothermal liquefaction for algal biorefinery: A critical review. *Renewable and Sustainable Energy Reviews*, 2014, 38: 933 – 950.

[23] SHEN, R., ZHAO, L., FENG, J., et al. Research progress on characteristics and utilization of products from hydrothermal liquefaction of biomass. *Transactions of the Chinese Society of Agricultural Engineering* (Transactions of the CSAE), 2020, 36(2): 266 – 274.

[24] YANG, J., BLANCHETTE, D., DE CAUMIA, B., et al. . Modelling scale up and demonstration of vacuum pyrolysis reactor. *Proc of Progress in Thermochemical Biomass Conversion*, Tyrol, 2000.

[25] BOUCHER, M. E., CHAALA, A., ROY, C. Bio-oils obtained by vacuum pyrolysis of softwood bark as a liquid fuel for gas turbines: Properties of biooil and its blends with methanol and a pyrolytic aqueous phase. *Biomass and Bioenergy*, 2000, 19: 337 – 350.

[26] TOCK, J. Y., LAI, C. L., LEE, K. T., TAN, K. T, BHATIA, S. Banana biomass as potential renewable energy resource: a Malaysian case study. *Renew Sustain Energy Rev.* 2010;14(2): 798–805.

[27] SCHMIEDER, H., ABELN., J., BOUKIS, N., DINJUS, E., KRUSE, A., KLUTH, M., et al. Hydrothermal gasification of biomass and organic wastes. *The Journal of Supercritical Fluids*. 2000, 17: 145−53.

[28] PINKARD, B. R., GORMAN, D. J, TIWARI, K., RASMUSSEN, E. G., KRAMLICH, J. C., REINHALL, P. G., et al. Supercritical water gasification: practical design strategies and operational challenges for lab-scale, continuous flow reactors. *Heliyon*. 2019;5: e01269.

[29] RAJASEKHAR, M., RAO, N. V., RAO, G. C., PRIYADARSHINI, G. N., KUMAR, J. Energy Generation from Municipal Solid Waste by Innovative Technologies–Plasma Gasification. Procedia Materials Science, Volume 10, 2015, Pages 513−518.

[30] Available: https://huanbao.bjx.com.cn/news/20190418/975681.shtml(in Chinese). [Accessed: 20 March 2023].

[31] Available: http://www.mee.gov.cn/home/ztbd/2020/wfcsjssdgz/dcsj/ztyj/201912/.pdf(in Chinese). [Accessed: 20 March 2023].

[32] CHEN, Z. Study on slurry formation, combustion and gasification characteristics and life cycle assessment of solid waste coal water slurry. Zhejiang University, 2021.

[33] LIU, Y, PANG, S., LIANG, T., REN, R., Lv Yongkang. Degradation of high concentration starch and biocathode autotrophic denitrification using photo microbial fuel cell. *Chemosphere*, 2021, 280: 130776.

[34] GUL, H., RAZA, W., LEE, J., AZAM, M., ASHRAF, M., KIM, K. −H. Progress in microbial fuel cell technology for wastewater treatment and energy harvesting. *Chemosphere*, 2021, 281: 130828.

[35] LIANG, Z., SHEN, N., LU, C., CHEN, Y., GUAN, Y. Effective methane production from waste activated sludge in anaerobic digestion via formic acid pretreatment. *Biomass and Bioenergy*, 2021, 151: 106176.

[36] WANG, P., YE., M., CUI, Y., XIAO, X., ZOU, D., GUO, R., LIU, Y. Enhancement of enzyme activities and VFA conversion by adding Fe/C in two-phase high-solid digestion of food waste: Performance and microbial community structure. *Bioresource Technology*, 2021, 331: 125004.

[37] CUDJOE, D., HAN, M. S., CHEN, W. Power generation from municipal solid waste landfilled in the Beijing-Tianjin-Hebei region. *Energy*, 2021, 217: 119393.

[38] U. S. Environmental Protection Agency, 2014, Landfill Gas Energy Basics. LFG Energy Project Development Handbook. Available: https://www. epa. gov/sites/default/ files/201607/documents/pdh_chapter1. pdf. [Accessed: 20 March 2023].

[39] Available: https://www. irjet. net/archives/V5/i1/IRJET-V5I1312. pdf. [Accessed: 20 March 2023].

[40] REDDY, L. V. et al. 2010 Microbial Fuel Cells(MFCs)-a novel source of energy for new millennium. Available: https://pdf4pro. com/amp/view/microbial-fuel-cells-mfcs-a-novel-source-of-energy-for-591571. html. [Accessed: 20 March 2023].

[41] LOGAN, B. E. et al. Assessment of Microbial Fuel Cell Configurations and Power Densities, Environmental Science & Technology Letters, 2015, 2, 8, 206 – 2014. Available: https://doi.org/10.1021/acs.estlett.5b00180. [Accessed: 20 March 2023].

[42] Available: https://www. iea. org/reports/key-world-energy-statistics-2021/transformation# electricity-generation. [Accessed: 20 March 2023].

[43] IEA(2021), Coal-Fired Power, IEA, Paris. Available: https://www.iea.org/reports/coal-fired-power. [Accessed: 20 March 2023].

[44] Available: https://www.ciwem.org/assets/pdf/Policy/Policy%20Position%20Statement/Energy-Recovery-from-Waste. pdf. [Accessed: 20 March 2023].

[45] Available: https://www.brighthubengineering.com/power-plants/72369-compare-the-efficiency-of-different-power-plants/. [Accessed: 20 March 2023].

[46] JAPEX(Japan Petroleum Exploration Co., Ltd.). Available: https://www.japex.co. jp/en/. [Accessed: 20 March 2023].

[47] WANG, Y., NING, P., JUNJIE, G. U., et al. Experimental investigation on the co-gasification of Dianchi sediment and lignite for hydrogen production in supercritical water. *Chemical Industry & Engineering Progress*, 2013, 32(8): 1960 – 1844.

[48] UZOEJINWA, B. B., HE, X., WANG, S., ABOMOHRA, A. E. F., HU, Y., Wang, Q,. Co-pyrolysis of biomass and waste plastics as a thermochemical conversion technology for high-grade biofuel production: Recent progress and future directions elsewhere

worldwide. *Energy Conversion and Management.* 163(2018)468−92.

[49] ARABKOOHSAR, A., SADI, M. Thermodynamics, economic and environmental analyses of a hybrid waste-solar thermal power plant. *J Therm Anal Calorim* 144, 917−940(2021).

[50] BAI, Z., LIU Q., LI H., JIN H., Performance Simulation and Analysis of a Polygeneration System with Solar-biomass Gasification. *Proceedings of the CSEE*, 2015, 35(1): 112−118.

[51] WU, J., Wang, J. Distributed Biomass Gasification Power generation system Based on Concentrated Solar Radiation. *Energy Procedia*, Volume 158, 2019, Pages 204−209.

[52] GUO, L., CHEN, J. Reviews on Hydrogen Production from Thermochemical Gasification of Biomass with Supercritical Water Heated by Concentrated Solar Energy. *Automation of Electric Power Systems*, 2013, 37(1): 38−46.

[53] CHEN, J., LU, Y., GUO, L., et al. Hydrogen production by biomass gasification in supercritical water using concentrated solar energy: System development and proof of concept. *International Journal of Hydrogen Energy*, 2010, 35(13): 7134−7141.

[54] Available: https://www. atlantis-press. com/article/25878442. pdf. [Accessed: 20 March 2023].

[55] Statista. Share of wind power coverage in Denmark from 2009 to 2021. Available: https://www.statista.com/statistics/991055/share-of-wind-energy-coverage-in-denmark/. [Accessed: 20 March 2023].

[56] HEIN, M. R. Wind Generator and Biomass No-draft Gasification Hybrid. 2010. Available: https://ui.adsabs.harvard.edu/abs/2010PhDT.......112H. [Accessed: 20 March 2023].

[57] DEAN, J., BRAUN, R., MUNOZ, D., PENEV, M. and KINCHIN, C. Analysis of Hybrid Hydrogen Systems. NREL. Available: https://www.nrel.gov/docs/fy10osti/46934.pdf. [Accessed: 20 March 2023].

[58] Available: https://www. in-en. com/article/html/energy−2279151. shtml(in Chinese). [Accessed: 20 March 2023].

[59] 2017 International Congress on Advances in Nuclear Power Plants, ICAPP 2017-A New Paradigm in Nuclear Power Safety, Proceedings. International Congress on Advances in Nuclear Power Plants, ICAPP, 2017.

[60] Hoseok Nam, Satoshi Konishi. Potentiality of biomass-nuclear hybrid system deployment scenario: Techno-economic feasibility perspective in South Korea. Energy, Volume 175, 2019, Pages 1038 − 1054, ISSN 0360 − 5442.

[61] Available: https://www.worldbank.org/en/news/immersive-story/2018/09/20/what-a-waste-an-updated-look-into-the-future-of-solid-waste-management. [Accessed: 20 March 2023].

[62] KAZA, S., YAO, L. C., BHADA-TATA, P., VAN WOERDEN, F. 2018. What a Waste 2. 0: A Global Snapshot of Solid Waste Management to 2050. Urban Development. ©Washington, DC: World Bank. Available: https://openknowledge.worldbank.org/handle/10986/30317. [Accessed: 20 March 2023].

[63] What a Waste: A Global Review of Solid Waste Management. Available: https://www.ifc.org/wps/wcm/connect/106e528d-ad90-4ef9-9bc4-fddef4a5bb2c/What-A-Waste-Report. pdf?MOD = AJPERES&CVID = ldRsiqP. [Accessed: 20 March 2023].

[64] SLIUSAR, N., POLYGALVOV, S., ILINYKH, G., KOROTAEV, V., VAISMAN, Y., STANISAVLJEVIC, N. Seasonal Changes in the Composition and Thermal Properties of Municipal Solid Waste: A Case Study of the City of Perm, Russia. Available: https://pdfs.semanticscholar.org/92b8/b020da8b32ab919eded5239c11d7449bc314.pdf. [Accessed: 20 March 2023].

[65] MATTILA, H., VIRTANEN, T., VARTIAINEN, T. and RUUSKANEN, J. Emissions of polychlorinated dibenzo-p-dioxins and dibenzofurans in flue gas from co-combustion of mixed plastics with coal and bark. *Chemosphere*. 1992, 25(11): 1599 − 1609.

[66] MUKHERJEE, C., DENNEY, J., MBONIMPA, E. G. et al., A review on municipal solid waste-to-energy trends in the USA. *Renewable and Sustainable Energy Reviews*, 119(2020)109512.

[67] Available: https://huanbao.bjx.com.cn/tech/20180323/158792.shtml (in Chinese). [Accessed: 20 March 2023].

[68] Available: https://www.astm.org/Standards/waste-management-standards.html. [Accessed: 20 March 2023].

[69] Available: http://eustandards. net/(in Chinese). [Accessed: 20 March 2023].

[70] Available: https://eur-lex. europa. eu/legal-content/EN/TXT/?uri=CELEX: 02010L0075-20110106. [Accessed: 20 March 2023].

[71] DRI, M., CANFORA, P., ANTONOPOULOS, I. and GAUDILLAT, P. Best Environmental Management Practice for the Waste Management Sector. EUR 29136 EN, Publications Office of the European Union, Luxembourg, 2018.

[72] MALINAUSKAITE, J., JOUHARA, H., CZAJCZYŃSKA, D., et al. Municipal solid waste management and waste-to-energy in the context of a circular economy and energy recycling in Europe. *Energy*, 2017, 141: 2013－2044.

# 关于 IEC

IEC 总部位于瑞士日内瓦,是世界领先的电气和电子技术国际标准发布机构。它是一个全球性、独立、非营利、会员制组织(资金来源是会员费和销售额)。IEC 包括 170 多个国家,占世界人口和能源总产量的 99%。

国际电工委员会提供了一个全球性、中立和独立的平台,在这个平台上来自私营和公共部门的 20 000 名专家通力合作,制定出最先进的、与全球相关的 IEC 国际标准。这些标准是测试和认证的基础,支持经济发展,保护人类和环境。

IEC 的工作影响了约 20% 的全球贸易(按价值计算),并关注能源、制造、运输、医疗保健、家居、建筑或城市等众多技术领域的安全、互操作性、性能和其他基本要求。

国际电工委员会管理着四个合格评定系统,并为部件、产品、系统

覆盖 170 多个国家的全球网络,覆盖全球 99% 的人口和发电量

提供附属国计划,鼓励发展中国家免费参与国际教育大会

制定国际标准并运行四个符合性评估系统,以验证电子和电气产品的工作安全和符合性它们旨在

IEC 国际标准代表了全球对最先进技术

**主要数据**

**>170**

成员和附属机构

**>200**

技术委员会

**20 000**

来自工业界、测试和研究实验室、政府、学术界和消费者团体的专家

**10 000**

已公布的国际标准

以及人员能力的测试和认证提供标准化方法。

IEC 的工作对安全、质量和风险管理至关重要。它有助于使城市更加智能化，支持能源的普及，提高设备和系统的能效。它使工业界能够始终如一地制造出更好的产品，帮助政府确保基础设施投资的长期可行性，并让投资者和保险公司放心。

和专业知识的共识

促进全球贸易和电力普及的非营利组织国际电工委员会

**3 rue de Varembé
PO Box 131CH‑1211
日内瓦 20 瑞士**

**4**
全球合格评定系统

**>100 万**
颁发的合格评定证书

**>100**
多年的专业经验